你一定想不到

趣解生命密码系列

神奇的缤纷物种

U0258515

尹 烨 著　杨子艺 绘

中信出版集团 | 北京

图书在版编目（CIP）数据

趣解生命密码系列.神奇的缤纷物种/尹烨著;杨
子艺绘. -- 北京:中信出版社,2021.1
ISBN 978-7-5217-2606-0

Ⅰ.①趣… Ⅱ.①尹…②杨… Ⅲ.①生物学—少儿
读物 Ⅳ.① Q-49

中国版本图书馆 CIP 数据核字（2020）第 255418 号

趣解生命密码系列·神奇的缤纷物种

著　者：尹烨
绘　者：杨子艺
出版发行：中信出版集团股份有限公司
　　　　　（北京市朝阳区惠新东街甲4号富盛大厦2座　邮编100029）
承 印 者：三河市中晟雅豪印务有限公司

开　本：787mm×1092mm　1/16　　印　张：10　　字　数：65千字
版　次：2021年1月第1版　　　　　印　次：2021年1月第1次印刷
书　号：ISBN 978-7-5217-2606-0
定　价：48.00元

如果说生命是一套复杂的代码，那么我相信人类的代码中有爱。

愿每一个孩子在生命科学的世界里，发现新的乐趣和方向。

——尹烨

解读生命密码，
发现更美好的未来！

尹传红

中国科普作家协会副秘书长
《科普时报》原总编辑

科幻小说中描绘的未来，正在以各种方式和惊人的速度，"浸入"到我们的现实生活里。而日新月异、时刻迭代的生命基因科学技术作为一支不容忽视的强大力量，已然开拓出种种新的可能，极大地扩充了我们对世界的认知，也必将对人类社会的未来产生深远的影响。

比如，成功的基因疗法让那些长期困扰人类的健康问题，从"根"上就能得到解决！我们已经获取了许多有关健康问题的基因规律。相应地，就可以有针对性地制造新药或进行治疗。这一切，都是拜生命基因科学技术发展之所赐。

然而，对于被称为"生命的密码"的生命基因科学，我们又了解多少呢；你是否知道，为什么有的男孩子喜欢打篮球却不喜欢吹笛子；国宝大熊猫为什么喜欢吃竹子；憨憨的大象为什么几乎不患癌症；威猛的恐龙和猛犸象到底能不能复活……

翻开这套书吧，你定能惊喜地找到答案，并且延伸更多的思考。

在这套图文并茂、饶有趣味的书里，尹烨博士还从多个角度立体地阐释了生命基因科学的一系列基础问题：我们为什么不一样？地球上什么时候出现了生命？生命如何步步演化以适应严酷的生存环境？智慧是怎样诞生的？书中还以十分通俗的语言，揭示了地球上万千物种里的基因奥秘，描述了基因中的缺陷导致的疾病，并探讨了未来对这些疾病的治疗，展望了生命基因科学技术在治疗疾病、改善人类生活质量等方面的应用。

全套书在内容的选取上，也非常贴近日常生活。餐桌网红小龙虾、奇异的传粉昆虫、长寿的银杏、会摆头的向日葵、争奇斗艳的花儿，还有让一些人着迷的灵芝……几乎每个部分都由一个鲜活、常见的生活话题，引出要探讨的有意思的生命科学话题。

为了让孩子们阅读时能更加投入，全书精心打造了故事人物形象。我们的作者化身博学多才、幽默风趣的"尹哥"，在书中耐心地为孩子们答疑解惑、指点迷津，将生命科学知识点故事化、场景化，让大家进入角色，沉浸其中，在体验中学习，在探索中思考。全套书中还配有将近500幅"自带生命"的手绘图片，它们生动、形象、谐趣，为每个知识点铺垫添彩，尽展科学魅力。

尹烨博士的这一新作堪称一部精彩的"生命之书"。相信孩子们读过后，对生命、生灵、自然、万物以及人与自然的关系等，会有一番新的认识和省思。

我为孩子们能读到这套书而高兴，也非常乐于向大家推荐这套优秀的生命基因科学探秘书。真诚希望这套书伴随着你们的阅读和思考，能够带给你们心智的启迪和精神的享受，并且增益你们的智慧，助力你们的进步，见证你们的成长！

解读生命密码，发现更美好的未来！

祝大家阅读快乐！

序言二

基因密码，
打开绚丽多彩的世界

邢立达

古生物学者、知名科普作家
中国地质大学（北京）副教授

　　基因作为生命的密码，它所包含的指令与我们的生活息息相关。放眼望去，我们身边无论猫狗鱼虫，还是花草树木，这些动植物身上都携带着基因，各式各样，纷繁复杂。想不到吧，尽管表面看起来差异巨大，它们竟有不少与我们人类有着同样的基因！当然，基因的奇妙之处远不止于此。所以从这个角度来说，给小朋友普及一些与日常生活息息相关的基因知识，是启迪心智、开阔视野，带他们进

一步认识这个绚丽多彩的世界的良方。

我所熟知的尹烨博士写的这套"你一定想不到：趣解生命密码系列"，就是专门为小朋友讲解生命基因科学知识的书。

在这套生命基因科普书中，尹烨博士化身为青年科学家"尹哥"一角，和两个儿童角色小华、小宁，以及智能机器人小 D，一起代入故事之中，由科学家与孩子们的互动问答，串联起生动有趣的科普知识。书中从多角度立体揭示了基因的奥秘，不仅特别讲到了长时间困扰大家的热点话题，如地球何时出现的生命、生命是如何步步演化的、为何会有疾病、生命将走向何方等，也穿插了诸多个人见解和反思，是一套专门写给孩子的生命科学启蒙书。

完全可以这么说，尹烨博士用有料、有趣、有用的内容，科学严谨的态度，以及孩子看得懂的语言，轻松解答那些古怪又让人忧心的问题。他不仅对复活猛犸象等问题进行了讲解和答疑，还用浅显的笔触，贴近日常生活的文字，诠释了生命之谜、之趣，毫无疑问，这是适合全家人一起阅读的生命科普佳作。

科普图书千千万，这套书可谓别开生面。它从基因着眼，从小朋友身边常见的鸟、兽、虫、鱼、花、草、树、木入手，更能让孩子近距离感受到基因的神奇之处。它通过讲述我们身边的生命科学知识，将喜闻乐见的话题融进生动活泼的故事，再辅以简洁易懂的文字和精美有趣的插图，如春雨般润物细无声，悄然呈现了遗传学、分子生物

学、基因组学、合成生物学等多个生命科学领域的知识，展现了生命之美。

想必这就是这套图书创作的初衷。

愿小朋友们多多学习生命科学知识，更好地了解我们人类自身，以及这个绚丽多彩的世界。

自序

写给小朋友的一封信

尹 烨

亲爱的小朋友们：

你们好！

我是尹哥，一名科技工作者，也是一名科普传播者。我特别喜欢生命科学，脑袋里有一堆和生物有关的故事，如果有小朋友问起，我的话匣子就关不上了，自己还常乐在其中。这不，我准备了一套书给你，里面是我给两个小朋友讲过的故事，还要向你们介绍一下我的小助手——智能机器人小 D，它也不时出镜，带给我们惊喜呢。

当你翻开这套书时，请想象自己的身体无限缩小，但记得把自己的思维无限展开，因为我们就要开始一段奇妙的旅行，前面等着我们的，是一次次时空变幻，一个个奇妙物种，一片片新的领域，你会看到一些你原本熟悉却并不了解的事。

也许你会不理解，有什么事情是你熟悉却不了解的呢？举个例子吧，你肯定知道青蛙，也知道它对人类有益，但你知道青蛙为什么曾被人强制洗牛奶浴吗？你常看见蚂蚁，也知道蚂蚁是大力士，可你知道蚂蚁当农夫的历史比人类还要久远吗？你知道每个人都是独特的，也知道每个人都面临生老病死，可你知道为什么有的人生下来就有缺陷，而有的人老了会忘记一切吗？还有还有，你知道科技为我们的生活带来了便利，知道现代医学能拯救许多生命，可你知道如何能让瘫痪的人站起来吗？如何才能使已经在地球上消失的动物复活？

我们生活的世界实在是太神奇了，人只是世间万物中的一员，而且在地球历史上出现的时间并不算长。假如地球只有一岁，人在最后一天的午夜才站上食物链顶端。我们真的没有那么厉害，自然界中许多动植物、微生物都有自己的过人之处，相对而言，在演化的长河中，人才是生存能力最弱的生物，而且，我们亏欠自然的也很多。要想继续待在食物链顶端，我们需要好好地向自然学习，与自然和谐相处。

我告诉你个小秘密，尹哥很可能是你的远远远房亲戚。别看我现在的个头比你们的大很多，但是，我们基因的相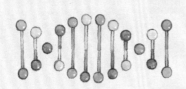似度却很高。这就提示我们大概在几万年前，我们有着共同的祖先。还有啊，你也许没有想过，你和身边的万物都有联系。基因是我们的遗传物质，正是因为有了父母提供的基因，世界上才有了你。当你外出踏青的时候，你脚下的小草其实是你的远亲；当你在动物园里看动物的时候，笼子里看着你的猴子、猩猩、狮子、大象……都与你拥有着共同的生命基础——细胞和基因；当你吃下每一口食物的时候，你肠道里的微生物同样因为获得食物而活跃不已，从年龄来算，它们都算是你的先祖，如今寄居在你的身体里，帮助你消化食物，也控制着你的情绪和行为。

生命实在是太奇妙了，我已经迫不及待地要和你分享

你和它们的故事。世界实在是太广阔了，远到 40 亿年前，近到一秒钟之前，每一个时间刻度上都有说不完的故事，每一个地方都有神奇的事情发生。

　　你准备好了吗？这就和尹哥、小华、小宁、小 D 一起出发，开始这段有趣的旅程吧！

人物介绍

尹哥

作者尹烨的科普形象，睿智幽默的青年生命科学科普达人。

小宁

爱好生物的女生，细心认真，爱追根问底，有时候会有些害羞。

小华

对一切新事物好奇的男生，勇敢好学，爱动手帮忙，有时候会有些粗心。

小 D

生命科学智能机器人，能瞬间读懂每个生物基因组成，存储了现有生命的全部科学知识，有构建虚拟场景的超能力。

序曲

我们为什么不一样？

我们不一样！

我们一起讨论下
我们为什么不一样吧！

我们生而不同，无论是外貌、性格，还是习惯、喜好都不一样。正如"世界上没有两片相同的叶子"，世界上也没有绝对相同的两个人，即使是双胞胎也并非完全一样。

为什么我们会如此不同？答案便在基因里，甚至可以说，是它塑造了一切细胞生物，塑造了我们。每一个生命都对应着一本神奇的书，与生、老、病、死有关的所有信息，都被记录在内，我们不妨称它为生命之书。这本生命之书可不是用中文写的，它的语言体系叫碱基，碱基有 A（腺嘌呤）、T（胸腺嘧啶）、C（胞嘧啶）、G（鸟嘌呤）、U（尿嘧啶）五种，其中，A、T、C、G 组 成 DNA（脱氧核糖核酸），A、C、G、U 组成 RAN（核糖核酸）。

染色体
每个细胞有 46 条染色体。

细胞核
人体有几十万亿个细胞。

基因附在染色体上。

如果把生命比喻成乐曲，那么A、T、C、G就是乐谱，细胞则是演奏不同声部的乐手，生命体就是乐团。每时每刻，地球上都有新的生命乐曲奏响，也有乐团谢幕。

每支乐曲的风格不尽相同，比如苹果的听起来像摇滚风，香蕉的或许像古典乐，拟南芥和线虫的类似于童谣，而代表我们人类的，则是交响乐。

A、C、G、U这四种碱基，可以构成64个遗传密码子，共合成20种氨基酸。这20种氨基酸帮助人类合成所需的蛋白质，维持生命的正常运转。

　　差点忘了介绍，我们人类的近亲有黑猩猩，远亲那可就多了：公园里的某棵树，树下晒太阳打盹的猫咪，树干上一步一步努力往上爬的蜗牛……如果我们能穿越到远古，甚至穿越到地球生命诞生之初，就会发现，孕育了世界多样性的，是在酸性海洋里悄然生长的有机物，它们正努力适应环境，孕育生命。

漫长的数十亿年过去，
在这颗蓝色星球上，生命来来往往。

有时上一刻还繁盛着，下一刻便离开了，
再也没有回来。

或许，
在不远的未来，它们有可能回来。

复活申请处

目录

争奇
斗艳的花儿

小宁的花粉过敏症又犯了，为什么尹哥却
说花儿们的斗争又开始了呢?

植物装扮着地球，人类赞美着植物。像"桃之夭夭，灼灼其华""晓看红湿处，花重锦官城"这样唯美的句子都是人类对花儿的描述。昆虫们也围着它们翩翩起舞，心甘情愿为它们授粉。

对植物们来说，达尔文的自然选择学说恰如其分。自然界的花草树木们都有自己的生存智慧，为了生存，各种策略轮番上演，不如来个排行榜，看看谁是最有心机的那一个。

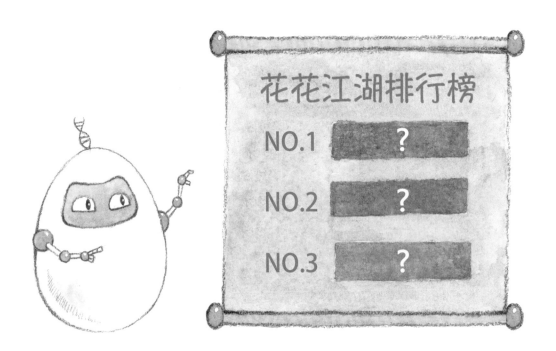

自力更生派

心机指数 ⭐

花儿要孕育后代，总要让雄蕊的花粉落在雌蕊上。有的花儿崇尚自力更生，不借助外力，自己解决授粉问题。

　　一般的花，雄蕊和雌蕊是分开的，但立志要自给自足的花儿，让雄蕊和雌蕊长在了一起。雄蕊成熟后，花粉就会自然地落在雌蕊上，授粉过程就此完成。

雌蕊

雄蕊

万事不求人。

看到你了，咱一家的，快出来，别捣乱。

柱头

花粉

但植物间也有近亲繁殖、后代质量不良的问题，不过花儿的解决方法比人类的聪明多了，它们演化出"自交不亲和性"，也就是柱头维护着授粉"治安"，一旦发现花粉是来自于自家的，便不会产生后代。要成功孕育后代的条件就是"两地亲家，基因不同"。

既然是两地亲家，怎么让雄蕊的花粉和雌蕊相遇呢？这就需要外部力量的帮助了，比如风，便是传粉的外力之一。

比如，玉米就是通过风来传递花粉的植物。一阵风吹来，便把雄花花粉带向四方，洒落在雌花的柱头上。

像这些靠自己和借助风授粉的植物，因为不需要吸引其他动物，往往不太喜欢打扮，大多素面朝天，既无艳丽的颜色，也无馥郁的香味，随遇而安，过着无欲无争的日子。

昆虫传粉

心机指数

风媒传粉的方式有时候不够准确。于是，一些花儿动了吸引昆虫来授粉的心思。如何吸引昆虫呢？花儿们各有绝招。

新发型、新衣服、新香水，还有礼物，一个都不能少。

有的花儿从外表上着手，色素便是打扮花儿的魔术师。
花儿五彩缤纷、万紫千红的模样，就是相应的色素在发挥

作用。色素家族里有花青素、类胡萝卜素、类黄酮、醌类色素、甜菜色素等，其中花青素最为百变，如果环境偏酸性，花青素会让花儿显得红光满面；若是在偏碱性的环境中，花儿便变得蓝幽幽的。假如碱性太强，花儿就会是一副蓝黑色的模样。

面对着多样的植物，昆虫们有自己的喜好吗？当然。比如蝶和蛾，喜欢红色的花儿；蜜蜂偏爱蓝色、白色、黄色的花儿。像昙花这类颜色素白的，就想了一个其他的招儿，晚上开花，吸引晚上活动的昆虫们。

除了颜色，花儿们还用气味吸引昆虫，闻风而来的昆虫们顺便就完成了传粉的工作。

花儿将多种化学物质调和在一起，如单萜、倍半萜、酚、醇、酮、酯……形成了各自的独特气味。

都是我喜欢的气味。

　　值得一提的是，这些气味不尽是香味，还有臭味。有的昆虫喜欢香味，有的昆虫则喜欢臭味，比如苍蝇、甲虫就与蜜蜂、蝴蝶的品味不同，散发着腐臭气味的大王花、巨魔芋是它们的最爱。

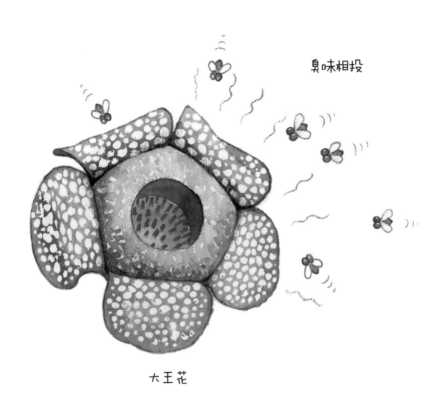

臭味相投

大王花

　　俗话说，色香味要俱全，许多花儿还能分泌花蜜，为的就是让昆虫们好好吃一顿，顺便蹭上些花粉，去传给另外的花儿，花儿的授粉计划才算完成。

等价交换

心机指数 ⭐⭐⭐

太依赖昆虫，花儿们也有些忐忑，万一有朝一日昆虫们从地球上消失了呢？那花儿们岂不是也要灭绝？为了避免这种状况出现，花儿们还有另一个计划。

体形小但快如闪电的蜂鸟，成为与蜜蜂角逐甜蜜食物的选手。这种只有成人手指长度的鸟儿和蜜蜂类似，用长喙吸食花蜜后，带着一身花粉离开，再飞到另一朵花上。就在它的辗转腾挪间，授粉工作就完成了。

还有的花儿会为了吸引某种动物，为它们"私人定制"独门绝技。比如食蜜蝙蝠就成了许多花儿争相吸引的对象。

古巴热带雨林里的蜜囊花想要吸引的对象是食蜜蝙蝠。我们知道，蝙蝠通过回声定位的方式来导航，蜜囊花就"投其所好"地演化出了勺子形状的叶子，这种叶子会强烈地反射蝙蝠发出的超声波，引得蝙蝠直奔而来。

美洲生长的一种黧豆，具有一个大大的花序，花序每次开一两朵花，花中有花蜜，结构独特，能够反射较强的超声波，吸引蝙蝠授粉。仙人掌科的老乐柱开花时候，会生长出厚厚的一层毛，形如毛毯。这张独特的毛毯能够吸蝙蝠发出的超声波，以强化花朵的空间位置，方便蝙蝠精准地定位到花朵，帮助其授粉。炮弹果（学名葫芦树）的花朵生长在树干之上，花朵富含蜡质，也有类似的功能，即在杂乱茂密的林下，将花朵突显出来，以便于蝙蝠定位，帮助其完成授粉过程。

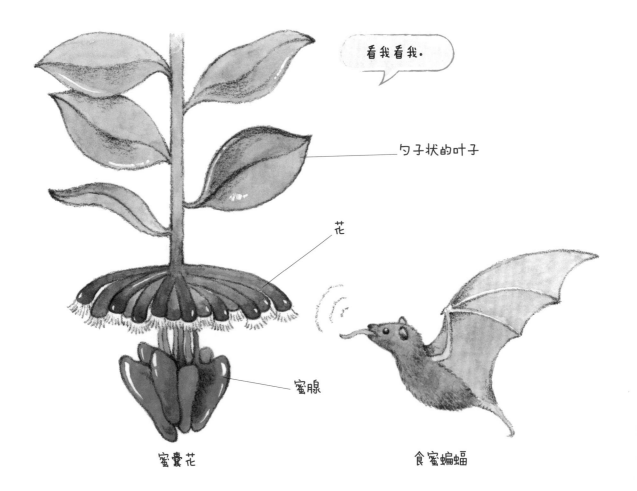

勺子状的叶子

花

蜜腺

蜜囊花

食蜜蝙蝠

还有一种花儿大彗星风兰，要够得着它的花粉，得是一种口器长 30 厘米的昆虫。当达尔文这么推测时，几乎没有人相信，直到 1903 年非洲长喙天蛾被发现时，人们才意识到，原来真的有喙长 20～30 厘米的生物，专为大彗星风兰授粉。

植物们和动物们的这场合作互惠互利，看起来很公平呢。

占尽便宜

心机指数 ⭐⭐⭐⭐

有的植物很贪心，不愿意遵守平等交换的规则，总想着占便宜。比如少花虾脊兰，它并不能分泌花蜜，但为了吸引熊蜂，它长了红色的假蜜腺。天真的熊蜂总会被这假蜜腺吸引，兴冲冲地飞过来，却一再上当，等发现过来时，身上已沾满了花粉，白白充当了一回传粉使者。

看到熊蜂这么容易上当，其他的花儿也来欺负它。褐花杓兰就在每年熊蜂蜂王暂住时，用花瓣困住它，等到它离开时，花粉就会裹满它的身体，尤其是背部，熊蜂蜂王无法拍落，而趁它去另一朵花儿里暂住的时候，这些花粉就完成了一次传递。

　　蜜蜂兰（学名多花兰）算计更多，它竟就长成了雌蜂的样子，连花瓣上都有许多短毛，看起来像极了雌蜂腹部的绒毛。不仅如此，它还会散发出类似雌蜂性信息素的气味，吸引雄蜂到来。雄蜂蹭到一身花粉后，又飞往另一朵花儿，顺便把花粉带了过去。

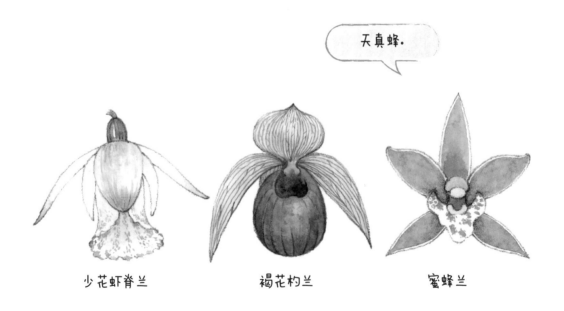

天真蜂.

| 少花虾脊兰 | 褐花杓兰 | 蜜蜂兰 |

熊蜂

赶尽杀绝

心机指数

　　要论自私程度之深，非提猪笼草不可。它的外表看起来像一个草笼，奇特却算不上美丽，不过它会散发出很浓郁的香味，还能分泌浓郁的花蜜，吸引不少昆虫前来品尝。可当这些可怜的动物喝了这些具有麻醉效果的蜜汁后，就会掉进内壁光滑的笼子里，被猪笼草分泌的液体消化掉。这个甜蜜陷阱，让为了满足口腹之欲的动物们丢了性命。

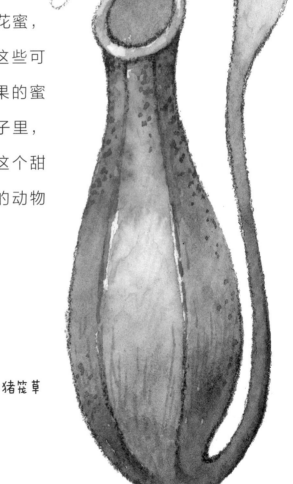

猪笼草

甜蜜陷阱

　　自然界在亿万年的演化中，匹配出了前文中所提到的那些授粉方式。如今，这些授粉"工人"，却面临着生存危机。拿工蜂来说，勤勤恳恳地工作，群体数量却在不断地减少。2006年，美国科学家发现，有些蜂巢里的成年工蜂突然人间蒸发，剩下的全是幼虫、未成年的工蜂及蜂后，使得整个蜂巢陷入瘫痪。不止美国，世界其他地区也是如此。

　　这种现象被称作蜂群崩溃综合征，导致这种现象的原

工蜂们都哪儿去了？

蜂后

幼虫

因还不明确，可能是农药滥用引发的恶果，可能是寄生虫横行带来的灾难，也可能是蜜蜂们营养不良所致。

即使这些帮助花儿授粉的动物都灭绝了，花儿们还能靠人工智能授粉。科学家们正在研制一种机器蜂，重量不到 0.1 克，它们不仅可以飞，还能潜水、游泳，授粉工作对它们来说简直是小菜一碟。

环境保护是一个永恒的问题，虽然科学家会努力给出解决方案，但保护地球环境是我们每个人共同的责任。

其实植物界也有绿巨人，它们也非常厉害。

向日葵早在十九世纪就获得了著名画家凡·高的喜爱，当别人在画牡丹或蜀葵之类的花儿时，他独独钟爱画向日葵，这几乎成了他的标志。

向日葵是我的。

凡·高

小华

瓜子是我们的。

追日一族

　　向日葵的外在美已被艺术家记录下来，它的内在美则引起了科学家的注意。虽然它只是一种植物，但却有着远大的理想和追求——太阳在哪儿，它还没发育成熟的大脸盘子就朝着哪儿，简直是追日一族。

　　有个希腊神话传说，说向日葵是海洋女神克吕提厄幻

克吕提厄

这只是个传说，向日葵是美洲特产，古希腊人根本就没有见过它。

化的。克吕提厄因为仰慕太阳神阿波罗，每当太阳神驾驶着一辆由四匹喷火的马拉动的金车，在天空中由东至西地巡游时，她的目光就跟着移动，渐渐地，她便融入了泥土中，成为太阳神最忠实的仰慕者。

为什么向日葵要朝着太阳转呢？科学家们发现，原来这是由植物生物钟调节生长素导致的。当太阳升起时，生长素就向茎的背光一侧集中，导致背光的一侧长得快，面向光的一侧长得慢，从外观上看，向日葵就成了"歪脖子"，并且歪向朝向光的一边。

白天，茎的东侧比西侧长得快，向日葵就追着太阳跑；到了夜间，西侧的增长更快，向日葵便摆动回来了。

如果没有太阳，向日葵还会摆头吗？

为了回答这个问题，生物学家将一些向日葵放到室内培育，在它们的上方放置了固定的光源。结果是，这些花儿仿佛能感应到太阳的移动，依然会继续来回地摆动几天。
由此揭示出，向日葵的摆头并不是单纯地向光，而是内部
的生物钟在"操控"着它的一举一动。

这里没太阳啦，为什么向日葵还摆头呀？

因为它的身体里有一个叫生物钟的家伙管着它。

那么，如果人工设定一个昼夜时长，让光源模拟太阳移动，向日葵能不能实现准确"追踪"呢？

在一定范围内，向日葵确实可以做到追踪光源，当人工昼夜节律接近 24 小时的时候，向日葵仍旧追着人造太阳摆头。但是，当人工昼夜接近 30 小时，追上"太阳"就是奢谈了。

糟糕！追不上了！

光照和生物钟是向日葵追太阳的秘密，当然，只有还没发育成熟的向日葵才会摆头。

向日葵之所以逐日，是因为两种生长机制的作用。一是根据可获得的光，可以设置基本的生长率；二是靠着生物钟的控制及光的方向影响，茎在一个方向会比在另一方向长得更快。

但这种节律并不会持续一辈子。等到向日葵成熟，生长减缓，它就变成始终面朝东方的"面瘫"了。

成熟向日葵为什么始终朝向东方呢？原来，这是为了迎合采花的蜜蜂。如果早上面向东，向日葵就会升温更迅速，因而朝东的花盘更能吸引喜欢暖花的蜜蜂。当摆头不能再带来好处时，向日葵也就懒得继续奉献每日的表演了。

除毒卫士

　　除了会摆头以外，向日葵还有一个神奇的能力——吸收放射性物质。

　　大部分动物都不可长时间暴露在紫外线下。放射性物质散发的 α、β、γ 三种射线能够破坏 DNA 分子。如果辐射剂量过大，DNA 修复机能跟不上的话，就会产生严重后果，如白细胞减少、内出血，甚至死亡。

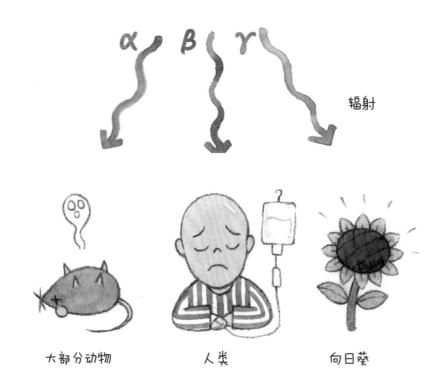

辐射

大部分动物　　　　人类　　　　向日葵

更可怕的是，核辐射的影响不会很快消散。如果长期生活在受污染地区附近，健康会深受影响。吸入的放射性物质会在人体内慢慢积聚，令癌症产生的概率大幅提升。

如今，核技术已经应用于我们的生活，基本上是安全的，但几十年来也发生过几次核泄漏的事故，威胁着人类以及其他生物的生存。

1986 年，切尔诺贝利核事故发生后，核电站附近出现了严重核污染。但科学家意外发现：在一个池边生长着向日葵的池塘中，放射性污染物被清除殆尽。

向日葵能迅速吸收土壤中的养分，而在土壤遭遇污染时，向日葵的这一特性并不会改变。通过根部，向日葵可以吸收土壤中的污染物，将毒素存在体内，这也是向日葵能清除核污染物的原因。

2011 年 3 月 11 日，日本福岛发生了极为严重的核灾难。在一次地震引起的海啸中，

核污染物

福岛第一核电站严重毁坏。更可怕的是，三座反应堆的供电和冷却系统也停止了运作。这意味着大量放射性物质进入了大气和海洋中。

为了尽快消除核辐射对环境的影响，人们在福岛的周

围种上了 800 万株向日葵，以及其他一些有富集能力（生物个体从周围环境中蓄积某些元素或难分解的化合物）的植物，如芥菜和苋菜。

向日葵如此神奇的能力究竟是怎么来的呢？答案就在它的基因组里。

葵立"基"群

　　研究发现，向日葵演化过程中比大多数生物多发生了两次全基因组加倍事件。全基因组加倍又称全基因组复制，向日葵的全基因组在经过两次复制后，染色体又发生了至

向日葵的演化过程复杂得如同一个迷宫。

少 17 次断裂以及 126 次融合，最终形成目前的 17 条染色体。因此，这 17 条染色体上承载着大量的重复片段。

我们尚且不清楚这一系列的演化事件对向日葵造成了什么样的影响，但现在科学家们能肯定一点：正是这样的基因组，才让向日葵拥有着超强的抗辐射技能。

向日葵的美已被艺术家记录，它的异能也正在福岛上发挥作用。如今，科学家们正试图通过基因揭秘，以求探究更多物种奥秘。

每个人都有与众不同的地方，你的异能是什么呢？就等你自己来揭秘吧！

电视剧里正在播放千年灵芝可以让人起死回生的片段。

在家喻户晓的故事《白蛇传》中白素贞，为了救许仙，历经艰辛，去昆仑山寻找灵芝仙草。结果因为这棵千年灵芝，许仙起死回生。同样，也是这枚千年的神草，救活了《三生三世十里桃花》中的墨渊。在神话传说中，不管是提升修行还是起死回生，灵芝往往成为人们的最佳选择。

其实，传说中能让人起死回生的神草——灵芝，早就被科学家们拉下了神坛。但有很多人，仍然相信它有着神奇作用，不惜花大价钱购买，上当受骗的人可不在少数。

蘑菇也能包治百病？

对于灵芝到底是灵丹妙药，还是普通蘑菇这个问题，总有不同的意见在"打架"。传说中，灵芝无所不能，包治百病。

但传说就是用来打破的，明代李时珍和现代一些生物学家，都一再置疑过被过分推崇的灵芝的药用价值，李时珍就在《本草纲目》中提出："芝乃腐朽余气所生，正如人生瘤赘。而古今皆以为瑞草，又云服食可仙，诚为迁谬。近读成式之言，始知先得我所欲言，其揆一也。"意思就是说，灵芝长在腐朽的树根上，跟人长瘤子一样，哪来的仙气？反对人们对灵芝的过分崇拜。

在现代生物学家看来，灵芝和香菇、鸡腿菇、杏鲍菇、金针菇是同类，它们之间的区别之一是，没有人在吃火锅的时候放灵芝。

那么问题来了，灵芝傲娇了这么多年，难道凭的只是年龄？只不过，这个年龄也常常经不起推敲。

真有千年的蘑菇？

人们常说"千年灵芝"，其实这种植物的年龄并没有上千岁。灵芝的生长期，大概只有一年，三四个月便能成熟，待繁衍后代之后，灵芝就会停止生长，要么腐烂，要么木栓质化。传说中的千年灵芝，大多是木质化的灵芝，并无药用价值。

原来被你爷爷当成宝贝的灵芝，只是块木头啊！

木头？

这……

　　有的"灵芝"看起来很大，可却连灵芝都不是，而是树舌——灵芝的近亲，一两年时间就可以长得非常大，一个大人双手环握都握不住。

　　看来，灵芝被吹嘘起来的价值，也只是满足了商贩的利益而已。

能让人体增强免疫力的，是真菌里的多糖。

灵芝的真实价值

虽然灵芝的神话光环被打破，但它实际上也并非一无是处。研究表明，它对个别疾病有帮助，能增强人体免疫力。科学家研究发现，灵芝菌丝水提取物对减轻小鼠体重、改善小鼠肠道菌群等起到一定作用。

如今，灵芝已经实现人工种植，这又带来一个新问题——吸收天地灵气、沐浴日月光华长大的灵芝，会与人工培育的灵芝存在着差别吗？答案是有差别的，但差别主要体现在价格上。研究者们经过检测发现，野生和养殖的灵芝，营养成分其实是差不多的。

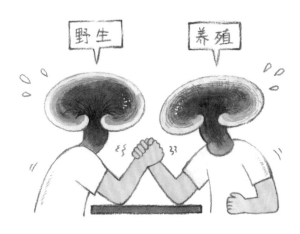

势均力敌

常见的保健品骗局中，主角可不是只有灵芝而已，听到吹嘘百年何首乌、千年人参的，我们就更应该要提高警惕。除此之外，还有一些没有科学依据的食物，服用后不仅不会让人更健康，还会对人体带来伤害。尤其是菌类，不少是有毒的，千万要注意识别。

中药材是一个需要仔细选择的宝库，结合现代医学与基因科技知识，未来或许会发现更多对人体健康有益的药物。

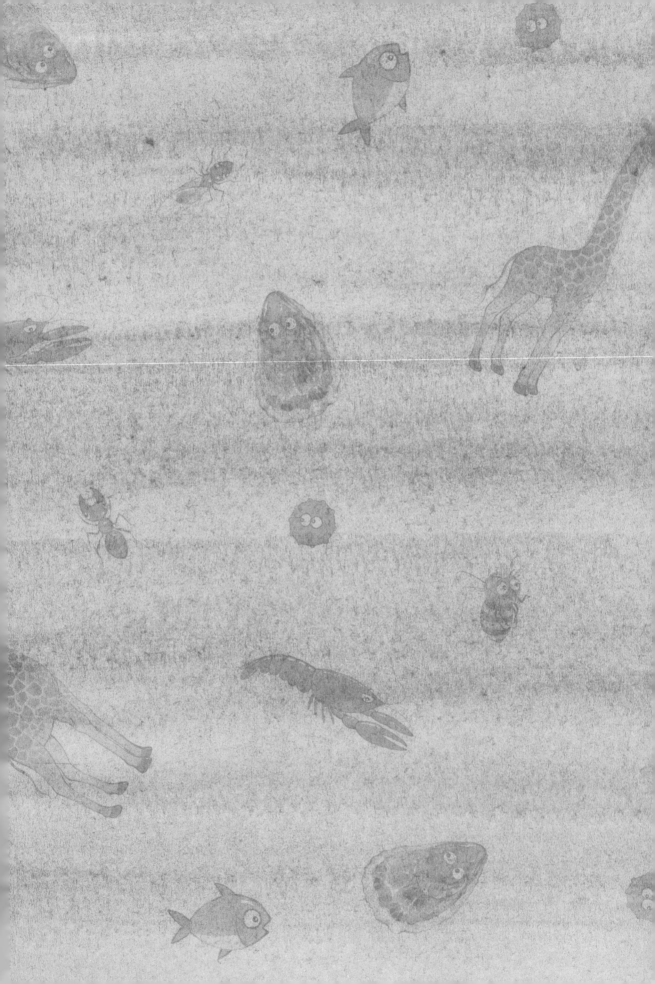

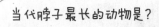

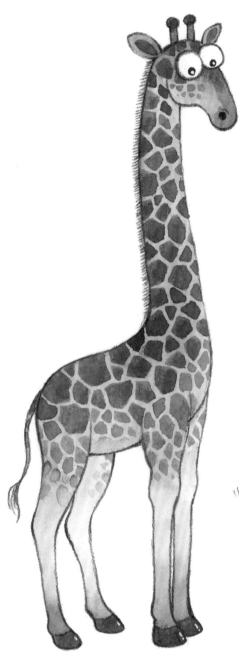

要说动物园里的网红，长颈鹿一定算一个，每次去都看到一层又一层的人在围观，排在后面的都得踮着脚伸长脖子去看，倒像是在模仿长颈鹿了。

围观长颈鹿

指鹿为麒麟

　　在古代，人们可没多少机会看到长颈鹿，这种来自非洲的生物，在明代时曾被当时的榜葛剌国（今孟加拉国一带）作为贡品献给永乐皇帝朱棣。大臣们面面相觑，都不知道这个几米高、脖子约占身高一半的庞然大物究竟是什么。

我知道，这是麒麟！

沈度

一筹莫展之余，他们开始从古书中找答案：这和麒麟的描述很像，说不定就是祥瑞麒麟啊！于是，翰林院修撰沈度把皇帝夸了一通，说正因为皇帝仁德，才出现了祥瑞麒麟啊。现在的我们一看就知道，什么麒麟，这不就是长颈鹿嘛！

为什么长颈鹿的脖子那么长？

不止是我国先民曾对长颈鹿产生误解，就连给长颈鹿起名的卡尔·冯·林奈（瑞典博物学家，动植物双名命名法的创立者），也因为没有亲眼见过长颈鹿，而起了一个并不贴切的名字"Cervus Camelopardalis"，它直译为"长着豹纹的骆驼"。

卡尔·冯·林奈

　　虽然名字中有"鹿"字，但长颈鹿其实与鹿只是远亲。现代长颈鹿的祖先叫萨摩麟，在演化之路上与长颈鹿分开的生物叫獾㹢狓，它曾被误解是长颈鹿与斑马的后代，可实际上它与斑马并无关系。

那么,为什么长颈鹿长了个长脖子呢?原因众说纷纭。根据法国生物学家拉马克的用进废退理论,长颈鹿的脖子是由于经常啃食高树上的叶子而越变越长的。可达尔文却不同意这一点,根据他的自然选择学说理论,他认为长脖子和短脖子的长颈鹿都曾经存在过,只不过在干旱时期,能吃到高处树叶的长颈鹿才活了下来。还有科学家认为,长颈鹿有着长脖子,就跟孔雀能开屏是一样的道理,都是为了寻找伴侣,在伴侣争夺战中,脖子越长,胜算越大。所以长颈鹿为什么有个长脖子,至今还没有定论。

脖子越用越长。

长脖子的不容易饿死。

是为了打架!

拉马克

达尔文

有的科学家

凭实力圈粉

长颈鹿脖子长，个子高，走路优雅，跑起来潇洒，速度 60 千米 / 小时，能轻松追上一辆行驶在城市道路上的小汽车。除了网红外表，长颈鹿也是很有实力的，要想放倒它可不那么容易，即使是狮子，也得群起而攻之才能有获胜的把握。

别看成年长颈鹿如此厉害，其实它的成长过程充满了

危机。从出生的那一刻起，长颈鹿就面临着挑战。由于妈妈是站着生它的，这就意味着它得从两米高的地方摔下来。而且，在自然界中，为摆脱天敌的追捕，小长颈鹿在生下后的数小时内就要练就奔跑的能力，实属不易。它睡觉的时候也常常不得安稳，得竖起耳朵时刻提防捕食者的威胁。虽然成年长颈鹿能站着睡，而且一天睡两个小时就好了，但还未长大的小长颈鹿可是得老老实实躺着睡觉。由于腿太长，站起来往往都得花上几十秒，这让它被捕食的风险大大增加。正因为这些"成长的烦恼"，每四只长颈鹿中，只有一两只能活到成年。

这些艰难成活下来的长颈鹿，往往看起来比较低调。如果你留心，会发现似乎没有听到过它的叫声，这也太沉稳了吧！难道长颈鹿是哑巴？还是压根就没有发声的声带呢？

事实并非如此，长颈鹿不叫，要么是因为不想让你听到，要么是没到时候，还可能是因为懒。

其实长颈鹿不仅有声带，而且会叫。2013 年，美国科学家在研究中发现，长颈鹿之间可以通过人耳听不到的次声波来进行非常复杂的交流，而且有些叫声人耳是能听到

的，比如小长颈鹿在找不到妈妈或者受到攻击的时候，会发出如牛一样的"哞——哞——"声进行呼救。而成年长颈鹿长得高、看得远、跑得快、腿力强，能够轻松应对各种情况，自然用不着呼叫伙伴了。

生物听觉研究专家米塞塔勒博士指出，长颈鹿的声带中间有个浅沟，发声不是很容易。而且，发声是个立体工程，

要靠肺部、胸腔和膈肌的共同帮助。但是长颈鹿这个脖子实在太长了，所以叫起来颇费力气，不常发声也是情有可原的。

高大的长颈鹿，自然也得配备一套强大的心脑血管系统，不然分分钟会因为供血不足而倒地死去。它的心脏必须有很强大的压力，而且血管壁要厚，这样才不会轻易因为强大的血压变化而破裂。而引起血压变化的，可能只是长颈鹿稍微低头的小小动作而已。

　　长颈鹿的这些特性，也许与它独特的 *FGFRL1* 基因有关。

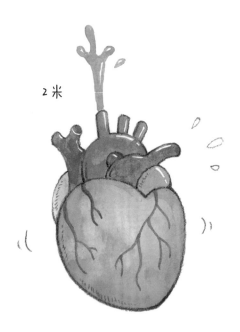

2米

　　这个基因能对特定的编码进行重排，令蛋白质结构发生置换。*FGFRL1* 就像一个混曲音响师，通过混写编排老歌曲，给原有专辑添上新的灵魂。那么，*FGFRL1* 需要跟谁合作，才能最终达到"骨骼清奇"的效果呢？

　　原来，在长颈鹿的基因组里，有大约 70 个基因有演化的迹象，其中 4 个分管脊椎和腿部的生长。在 *FGFRL1* 的刺激下，这些基因开始发挥作用，刺激骨骼生长，长脖子和大长腿应运而生。在大约这 70 个基因里，还有另外 8 个与血压调节和心脑血管功能有关，所以长颈鹿才会拥有独特的心脏和循环系统构造。

即使实力很强，长颈鹿也不免面临灭绝的风险，人类偷猎、砍伐森林等破坏行为已经使长颈鹿的数量越来越少。如果这样继续下去，也许再过百年，人类真的只能在书上看到长颈鹿了。保护环境，保护动物，需要每个人的努力。

不少人与牡蛎的初次相遇，是在餐桌上。牡蛎究竟有多美味？这一点要问法国人。法国作家莫泊桑写过一篇小说《我的叔叔于勒》，里面对漂亮太太吃牡蛎的细致描述，可是让不少人不禁流下口水。

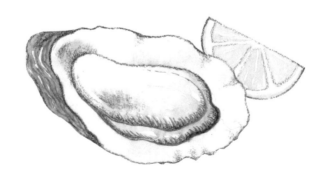

　　法国人曾是牡蛎的头号粉丝，他们沉醉于牡蛎与舌尖接触带来的感受，酸甜苦咸鲜五味俱全。牡蛎富含锌以及蛋白质，对人体有好处，尤其得到男性的喜爱。

　　为了让法国人都能享受到美味的牡蛎，19世纪中期，法国开始人工养殖牡蛎，全国年产量直达1万吨。

　　如今，牡蛎也成为我国人民颇为青睐的海鲜之一。2018年，全国牡蛎产量已经达到了514万吨，是全世界牡蛎产量最多的国家。

水中"植物"

幼年的牡蛎能在水中游动，寻找合适的栖息地，而成年牡蛎失去了移动能力，没有办法选择新的环境。定居后的牡蛎就像种在水中的植物，不能离开定居的环境，只能

你们谁来我都不怕，但能不能别往水里丢污染物了！

依靠自己强大的适应能力，来应付多变的生活环境。

　　牡蛎的适应能力非常强大，潮间带（陆、海交汇处一个相当狭窄但具很高生产力的区域，其范围包括从最高高潮水面至最低低潮水面之间的区域）温度、湿度、露空情况的变化，牡蛎都能轻松适应，甚至重金属和病原体这样的生物杀手也往往对牡蛎无计可施。

　　虽然不能挑选居住环境，但牡蛎却常主动改造环境。如今，水源污染已不是新鲜话题，重金属、病原体等都威胁着水中生物的健康，有的生物可以从这些糟糕的环境中逃走，牡蛎却不行。牡蛎的食物是水中的浮游生物，牡蛎就静静待在水里，一张一合之间，将食物吞进腹中。它进食的时候，还能顺便净化海水。虽然牡蛎是许多人喜爱的

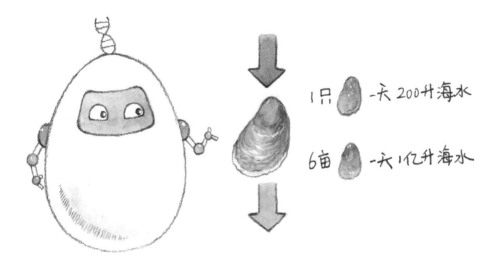

1只 🦪 一天200升海水

6亩 🦪 一天1亿升海水

食物，但吸收了重金属等污染物的牡蛎，不宜食用。

牡蛎极强的环境适应能力得归功于基因。虽然是一种小型动物，但牡蛎基因组的复杂程度远超我们的想象。

科学家们测序了牡蛎的基因组序列，发现其虽然只有约 500Mb 大小，但杂合程度特别高，不同品种之间的基因组差异都大得宛如两个物种之间的基因组差异。这让全部测序分析工作花了整整 4 年才完成，差不多从北京奥运会时开始，到伦敦奥运会时才结束。研究结果发现，牡蛎基因组的变异频率比一般物种的高得多，更是人类等哺乳动物的 10 倍以上。基因组复杂化能带来更多的基因可能性，来适应严酷的环境。

事实上，牡蛎拥有数以千计用来抵抗逆境的基因。在60 多种不同的逆境应激下，牡蛎有 5800 多个基因会发生明显的表达变化。

坚强本色

在多种蛋白质的影响下，牡蛎具有坚硬的外壳，既能保护自己，还能作为建筑材料受人青睐。

话说福建泉州的洛阳桥，已经屹立了千年而不倒，虽然古代能工巧匠甚多，但像洛阳桥这样坚固异常的建筑也实属罕见。究其原因，桥墩是关键。古代建筑师想了个奇招，在桥墩上养牡蛎，一层一层越长越多的牡蛎，成了最好的桥墩加固剂，千年间不断自我修复，这才让洛阳桥留存至今，成为中国四大名桥之一。

　　牡蛎不仅能被动适应环境，它还会主动改造自己，比如性别。自然中的牡蛎，有的雌雄异体，有的雌雄同体。有时候环境改变，牡蛎的性别也会随之改变，真的是一种随遇而安的物种。

　　性别的不确定性，让牡蛎有着多样化的生殖方式。雌雄同体的牡蛎能自己产生精子和卵子，自行孕育下一代。有公母之分的牡蛎，则各自产生精子和卵子，让它们在水中相遇，自由结合。这种情况下，就要有数量巨大的精子和卵子作为前提，才能保障受精卵数量，从而保证幼体数量。

　　管他潮起潮落，我自岿然不动，牡蛎无愧是"潮起潮落中的海礁之王"。

中国好吃的东西特别多，只要你想，可以一年到头不重样地享用美味。有那么一拨美食爱好者，特别期待夏天的到来，因为小龙虾总会在这时闪亮登场，清蒸、爆炒……怎么做都好吃，听听都让人食指大动。

我国已成为世界上最大的小龙虾生产国，还出口到欧美，毕竟，独乐乐不如众乐乐，美食是属于全世界的。

小龙虾哪儿来的？

虽然如今中国大量养殖小龙虾，但实际上，小龙虾并

别老说我'小'，我大名可霸气了，我是克氏原螯虾。

美洲小龙虾

日本小龙虾

非诞生于我国。北美密西西比河的河口才是小龙虾的故乡。

　　后来，日本人漂洋过海地将小龙虾带回日本，这些来自美洲的小龙虾和日本小龙虾开始了地盘争夺战。

　　不久后，小龙虾被带到中国南京，那儿没有小龙虾的同类，远在东北的鳌虾也不是它的对手，很快，这些小龙虾横行全国。也不知道算幸运还是不幸，这些"霸主"的归宿，大都是国人的餐桌。

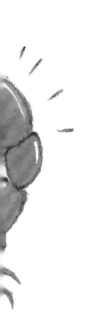

　　小龙虾之所以有如此强大的战斗力，与它超强的适应性与繁殖力有关。它对住宿环境不挑剔，田间沟渠、沼泽、

湿地、池塘浊水……哪儿都行，对吃什么也不在意，死鱼、烂虾、朽木、枯叶……来者不拒。随遇而安的小龙虾，抓着机会就疯狂繁殖，也没有生活在别人地盘的自觉，总是占别人的地盘，让别的生物无处可去。

黑锅从天降

可能是小龙虾太高调，所以总上"热搜"。热搜排行榜上总能看到它的身影："小龙虾生活在污水中，重金属含量超标！""吃小龙虾会让人患横纹肌溶解症！"

虽然小龙虾对居住环境没有要求，在重金属超标的环境里也能生活，但它也不会傻到让重金属毒害自己。它往往将吃进肚子的重金属逼到外壳上，脱壳的时候，将这些聚集了重金属污染物的壳甩掉，便又是一只身体棒棒的小龙虾了。

在现代化养殖环境下，小龙虾需要经过重重检测，才能走上餐桌。我们在吃的时候还得去掉外壳、鳃和虾线，便不太可能出现重金属摄入过量的情况。

　　而且，小龙虾能在污水里生存，可不代表它们喜欢在污水里生活，它们最喜欢的还是清洁的水域。

　　上海、深圳、绍兴等地曾有几例报道提到，有人吃小龙虾后患了横纹肌溶解症，生命垂危。这种读起来拗口的疾病，不仅会破坏人体肌细胞，造成人体肾功能损伤，严重情况下甚至会引发生命危险。

　　其实，横纹肌溶解症的病因有很多，并非小龙虾的专属，不少水产品都可能引发这种疾病。除此以外，过量运动、挤压伤、缺血、高烧、感染、代谢紊乱也都是肌溶症的主要病因。

所以，正规渠道购买的小龙虾可以放心食用。毕竟小龙虾不仅美味，还有丰富的营养。

实力虾

小龙虾是一种低脂高蛋白的水产，肉质中含有丰富的镁，能预防心脑血管疾病，虾青素还具有很好的抗衰老和抗癌功效。

不仅如此，小龙虾还有一门绝技——神经再生。对人类来说，神经损伤是不可修复的，无法再生。但小龙虾能

做到，即使神经受损，它也能自己修复。如果人类通过研究小龙虾，也能掌握这门绝技，将会减少世间的许多遗憾。

自然界中的生物总能给我们带来许多灵感，美味又有异能的小龙虾，实在不应受到谣言的攻击，值得我们用心对待。

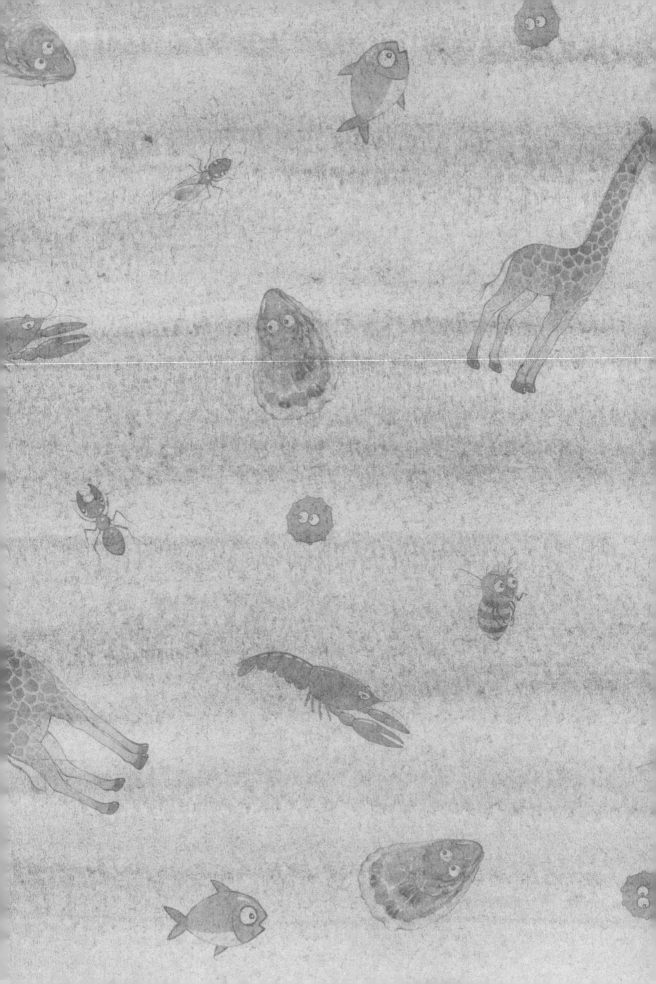

　　傍晚，尹哥和小宁、小华一起在树林中散步，看到一群小青蛙围着一只正在讲故事的青蛙，他们也听了起来。

当我还是一只小青蛙的时候，妈妈告诉我，要好好在呱呱学校念书。作为一只听话的小青蛙，我很努力地读书，每次考试都名列前茅，一直读到博士毕业。

毕业那天，妈妈递给我一个包裹，她说："读万卷书不如行万里路，你书读得够多了，是时候到外面的世界去看看了。"于是，在接下来的好几年里，我开始了环球旅行。

妈妈说得对，外面的世界很大，也很美。我见到了委内瑞拉安赫尔瀑布，看到了常年覆盖皑皑白雪的阿尔卑斯山，瞻仰了埃及的神庙，流连在玛雅古迹；我到过美国大峡谷，走过丝绸之路，在土耳其坐过热气球。1693 天，

80 多个国家，20 多万公里，妈妈说的我都做到了。

旅行中，除了美景，我也遇到了很多生物，有捕食失败的北极熊，忙着带孩子的袋鼠，跟我们差不多大的猴子，会种蘑菇的蚂蚁……最让我印象深刻的，还是我们蛙一族。

牛奶浴初体验

有一次，我走到了俄罗斯的森林里，发现居然有一户人家，养了一头奶牛和两只鸡。我正在牛棚里休息的时候，发现了一只同类，他正在等着什么。我问他，他很神秘地说："待会儿你就知道了。"

过了一会儿，我看到一个男人拿着一个桶来挤奶。等奶挤完，我旁边这只原本很懒散的青蛙一下子跳了出去，一个猛子扎进了牛奶桶里。我差点惊叫出声，生怕他被挤牛奶的男人抓住，没想到这个男人只是看了桶里的青蛙一眼，拎着桶就走了。那只青蛙还招呼我快跟上，我慌忙跟着他们进到屋里。

等男人离开了，我赶紧问正在桶里泡澡的那只青蛙：

"这到底是怎么回事？"

他不慌不忙地说："对他们来说，我就是储存牛奶的冰箱。"

我的嘴巴张成了 O 型，久久闭不上，要知道，同样是青蛙，我可从没承担过这样的使命。

"不懂了吧，在我们俄罗斯，自古就是这么做的，现在有冰箱了，许多人也就不用我们了。"他斜着眼看了我一眼，淡定地说。

"这……"我还是惊讶得说不出话来。

"严格来说，咱俩不一样。我们这些生活在欧洲和西北亚的青蛙，身上可是有绝技的。"他得意地说。

"什么绝技啊？"我顿时有些崇拜他了。

他在牛奶里翻了个身，不紧不慢地说："我们自带抗菌能力，即使受伤了，也从来不打针吃药的。所以，只是不让牛奶变质这个小事，自然不在话下。"

最后，在他的极力邀请下，我体验了有生以来第一次牛奶浴，别说，感觉还真不错。

为了适应恶劣的污水环境，这些青蛙的皮肤能分泌约76种不同的多肽，用来对付包括沙门氏菌和葡萄球菌在内的劲敌。

战争初体验

要说离死亡最近的一次，就是在南美洲了。在那里，我遇到了一群五彩缤纷的蛙，个体小小的，身长不超过5厘米。他们很漂亮，躺在绿叶丛中，像一个个精美的装饰品，让人很想与他们亲近。

　　我刚走近一步，就被他们发现了，他们似乎很紧张，看到我以后，明显松了口气。

　　"你是谁？来这儿干什么？"他们一开口就是审问的架势。

　　"我是来旅游的，碰巧走到这儿了。你们也是青蛙吧？"我赶紧说。

　　"我们是箭毒蛙，你走远一点，别过来。"他们说，看起来很不好接近啊。

　　我只好站在原地跟他们对话，"好的，我不过来，我在外面旅行很久了，看到同类觉得很亲切，而且你们很好看。"

　　那只跟我对话的蓝色箭毒蛙刚想开口，突然脸色一变，和同伴说："快跑，他们又来了。"

　　他们四散狂奔，吓得我也赶紧跟上，匆忙间回头一望，看到一群拿着长矛的印第安人追了上来，他们用裹着厚厚树叶的手，抓走了几只箭毒蛙。

到了一个树洞口，这群箭毒蛙才停下来。"进去休息一下吧。"

　　损失了几位同伴，大家情绪都有些低落。看我欲言又止，那只蓝色箭毒蛙说："那些人是来抓我们的，因为我们身上能分泌致命的剧毒，他们拿我们的毒液来做武器。"

　　我很惊讶，这么美丽的蛙，居然有毒？

　　蓝色箭毒蛙似乎看出了我的疑问，说："毒液是我们保护自己的方式。而且，我们只有在吃了毒蜘蛛、毒蚂蚁的时候才有毒。"

　　我突然想到一个不解的问题："你们自己会中毒吗？"

　　"不会，我们有特别的基因，这些毒液不会影响到我们。"

　　我忙点头表示理解，问道："他们抓你们的时候，手上包着树叶，就是防止中毒吗？"

　　蓝色箭毒蛙冷冷地说："对，要是不包树叶，他们的手轻则出疹子，如果手上有伤口的话，他们就该离开这个世界了。"

　　我不禁打了个冷战，想到什么，急忙问："那些被抓的箭毒蛙还能回来吗？"

　　蓝色箭毒蛙脸上流露出悲伤的神色："他们会被放到

1克箭毒蛙的毒液
能杀死上万人。

1 ≈ 1克

1个回形针差不多重1克。

火上烤，慢慢烤出毒液……"

我一时语塞，想象那个同类被火烤的画面，感觉很悲伤，却又无能为力。显然，我们没有能力去救他们，想起曾经读过的人类的一本书——《战争与和平》，难言的酸楚涌上心头。

科研初体验

在青藏高原，我遇到了高山倭蛙。那时候我正趴在路边喘不上气，高原的低氧环境，让我感觉很不适应。旁边路过的一队蛙却看起来很轻松，他们还关心地问我："你没事吧？休息一会儿就好啦。"

黑斑蛙　　　　　高山倭蛙

"这里紫外线好强啊，我都睁不开眼睛，晚上冷得发抖，白天热得难受，氧气还这么少，你们能在这里生活，可真厉害。"我由衷地夸赞道。

领头的那只蛙淡然一笑："我们已经在这里住了好些年了，这里空气挺好的，不像你们城里，又拥挤又有污染。"

我无言以对，赧然一笑。

他接着说："我们是高山倭蛙，适应了高原的环境。说到环境，我觉得我们这儿挺好的，我们在人类的实验室里遇到了老大哥非洲爪蟾，他在地球上生活了好多年了，我觉得他生活的环境可远比不上我们的呢。"

他说的人类研究蛙类，我在书上看到过，这是第一次听当事人提起，感觉很新鲜。我们蛙类是比人类还古老得多的生物，很多年前，我们从水里过渡到陆地生活，是两栖类的代表。如今，人类研究我们的基因，想看看能带来怎样的启发，我相信，他们一定不会失望的。

结束了旅程，我回到了故乡，发现许多小伙伴都不见了，这让我很伤感。现在农药用量很大，青蛙消失了许多，那些喜欢野味的人，也老盯着我们不放，恨不得把我们都弄上餐桌。我想跟他们说，不要吃我们，我们其实应该成为友邻。你们能从我们的基因中得到启发，我们还能帮你们除掉田间害虫，互助互惠不是很好吗？

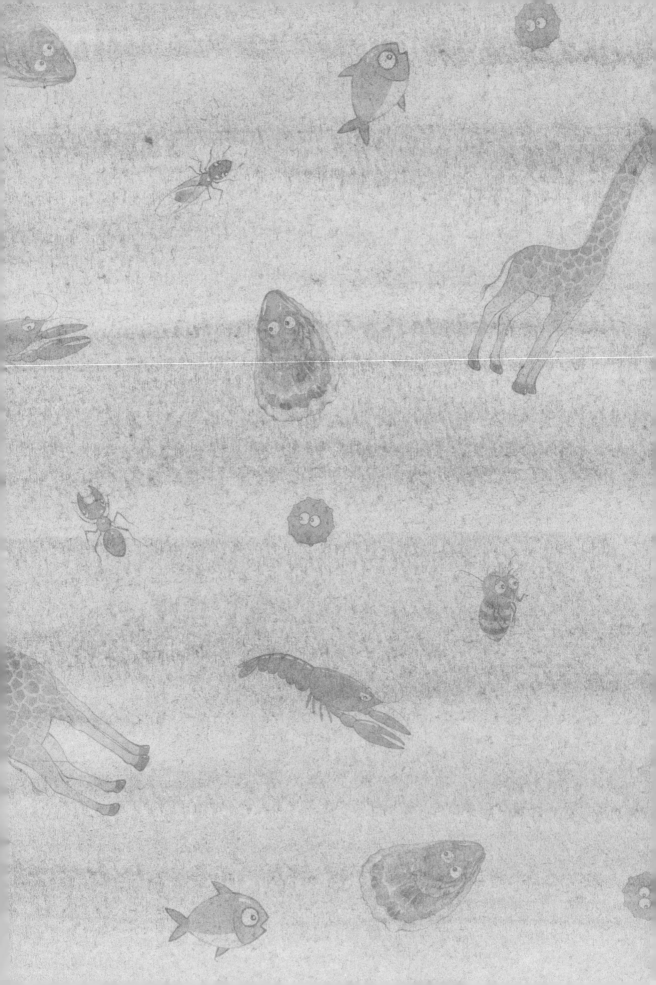

在某个星球上有着一群可爱的小伙伴，他们一起出生，从小一起长大，相敬相爱，其乐融融。但随着成长，原本禀性相似的一群人开始产生了分裂，出现了一些不太和谐的状况。比如，原本爱岗敬业的小伙子竟动起了歪心思，不再本本分分履行自己的职责。不仅如此，有时还教唆他人，甚至出门闹事，各种状况层出不穷，场面渐渐失去控制。

　　负责巡逻的官兵留意到这种情况，便开始抓捕这些家伙，大多数时候，这些捣乱者都会被抓获。可遇到那种很擅长隐蔽的，或者实力太强大的，官兵也束手无策，长此以往，星球的秩序就会遭到破坏，甚至有被毁灭的可能。

　　注意，这不是演习，如果把我们的身体比作一个星球，这样的故事每天都在我们的体内上演着。细胞中的 DNA 会由于内力和外力的影响出现损伤，如果放任不管的话，功能失常的细胞很快会发生更多突变，陷入恶性循环，最终开始失控复制，变成癌细胞。癌细胞喜欢在身体里流窜，不断复制自己，变成耗尽能量、拖垮我们身体的组织，免疫系统会主动搜寻并围剿癌细胞，但百密一疏，总有漏网之鱼。癌症发展到最后，会让人失去生命。

身形大就意味着组成身体的细胞数量更多，寿命长则意味着细胞更新换代的次数更多。细胞数量多，分裂次数多，就会导致出错的可能性变大。

所以，按照这个推理，我们可能会得出一个结论：身形大且寿命长的动物会有更高的患癌概率。

然而大象却几乎不患癌。

抗癌金钟罩？

按理说，大象体形大，细胞多，发生突变的可能性比人类的大，应该会有更大概率患上癌症，但事实却并非如此。

大象体内有一个监工——*TP53* 基因，一旦发现基因突变导致的 DNA 损伤，*TP53* 就会要求细胞进行自我修复。而如果发现细胞实在修复不了，就会发布死亡通知书，让细

胞自杀。

可还有一个问题，*TP53* 自己也是个基因，也有可能发生变异，如果它发生了变异，那就乱套了，变异细胞会越来越多，癌症形成速度也会加快。

那为什么大象不得癌症呢？因为人只有 1 个 *TP53* 基因，而大象有 20 个 *TP53* 这样的基因，一个倒下去，其他的马上站起来补上，不让这个清除癌细胞的系统出差错。而且，它清除癌细胞的系统效率也比人的高，难怪大象患癌症的比例低。

借个基因来防癌？

既然大象有如此绝技，我们是否能学呢？科学家们倒是在尝试学习大象的这一技能，比如多给自己增加一些 *TP53* 基因。有的科学家研究发现，这么做确实有用，但要让整个人体细胞全都增加 *TP53* 基因，还有一条很长的路要走。

因为除了与基因有关，癌症的形成还与环境、心情、饮食等生活方式等多种因素有关，需要综合考虑。

大象不是地球上唯一能抗癌的动物，科学家们通过测序发现，弓头鲸、小须鲸等生物也有预防癌症的独门基因。

这些物种都比人的体形大得多，这也说明，癌症与物种体形的相关度并不高。

虽然我们暂时不能拥有如这些动物一般强大的基因，但有一些是我们可以向这些动物学习的，比如，养成良好的生活习惯。紫外线暴晒、吸烟、酗酒、甲醛、烧烤、黄曲霉素、熬夜、肥胖等都会提高患癌概率，调整生活方式，减少致癌物的接触和致癌行为，是避免罹患癌症的上佳方式。

蚂蚁的力气有多大？大到你惊讶。有研究表明，蚂蚁能够举起超过自身体重 400 倍或拖动超过自身体重 1700 倍的东西！

蚂蚁不但力气大，还有着传奇般的悠久历史。体形迷你，却能在灭绝恐龙的大灾难中生存下来，在自然界中留下不容忽视的位置，依靠的便是独特的生存法则。

　　每个生物都有自己的生存策略，有的靠体形碾压，有的靠锋利的牙齿，有的靠闪电般的速度，有的靠头脑……相对其他生物而言，体形迷你，也没有速度优势的蚂蚁，就是靠智慧在地球上生存了一亿多年。

　　别误会，这里说的"智慧"并不是指单个蚂蚁很聪明，而是蚂蚁群体的生存策略很完美，充满了智慧，不亚于人类的。

印刻在基因里的使命

蚂蚁的职业规划，在出生时就已经定好了。它天生就知道自己该做什么。雄蚁和可育雌蚁负责生孩子，完成使命后，雄蚁身亡；工蚁身兼建筑师、厨师、保姆等工作；兵蚁是蚁群的护卫，保护巢穴的安全，工蚁和兵蚁一生都不会有自己的孩子。

虽然基因相同，但由于食物、环境等因素的不同，蚂蚁们甘愿接受不同的分工。这样演化了亿万年，蚂蚁社会分工的精细程度越来越高。

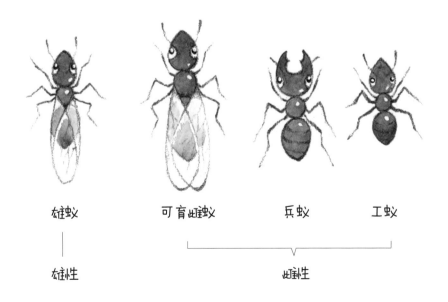

雄蚁	可育雌蚁	兵蚁	工蚁
雄性	雌性		

养殖

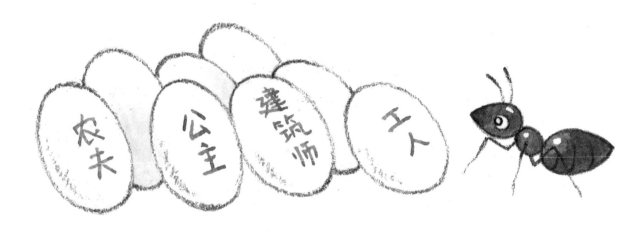

蚂蚁卵

牺牲和奉献是蚂蚁群体的写照，但它也不是毫无脾气的，比如西班牙细胸蚁中的工蚁，如果对独断专行的蚁后不满意，会集体行动将蚁后拉下王座，扶持另一个蚁后。

不同的蚂蚁寿命长短不一，它一旦感觉自己时日无多，就会承担更多冒险的工作，比如到离家更远的地方寻找食物，一些患病的蚂蚁为了不将疾病传染给其他蚂蚁，还会主动离开家，孤独地死去。

蚂蚁的这些个性，也是一代一代演化的基因赋予的。不仅如此，在这漫长的演化过程中，蚂蚁还学会了许多新的生存技能，比如种植。

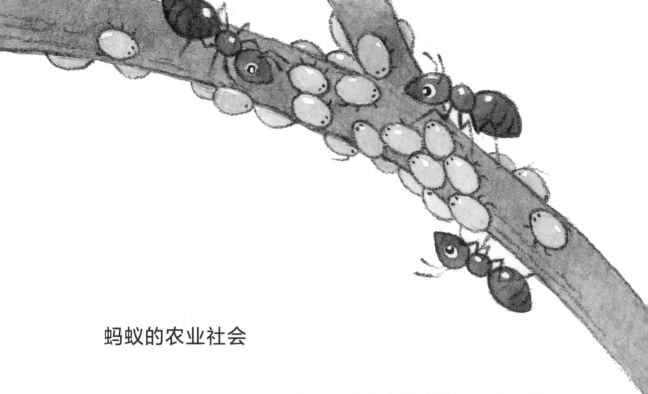

蚂蚁的农业社会

蚂蚁的种类有 9500 多种，这样大的群体中，什么样的"能人"都有，比如开辟种植业的新领域。

蚂蚁社会处于和人类社会相近的采集时代，工蚁搜集植物，喂养整个蚁群。但有那么一批特别的蚂蚁，凭着傲人的技能，提前迈入了农业社会。它是怎么做到的呢？

我们来看看具有养殖技能的蚂蚁。甜甜的味道大多数生物都喜欢，蚂蚁也不例外。可有甜味的东西不容易得到，怎么办呢？得想个办法。

　　蚜虫很有意思，吃进去的是植物的枝叶，但因为没有办法消化其中的糖分，所以排出来的是带有甜味的液体，打破了我们对一般排泄物的认识。

　　蚂蚁发现蚜虫能排出甜甜的液体，于是开始精心伺候它。蚂蚁会保护蚜虫安全，会为蚜虫寻找更鲜嫩的植物，还会时不时用触角碰一下蚜虫，像是在催它"麻利点"。

除了养殖，在种植上，蚂蚁也是一把好手。南美的切叶蚁就在长期的演化中，学会了通过种植蘑菇，补充身体缺少的营养。至于为什么不采集而要费力种植，当然是因为自己种的更能保证产量了。

为了吃到更多更美味的蘑菇，切叶蚁里的"农学家"，认真研究出了高产的品种。数千年里，蚂蚁就和"豢养"的植物一起生活，填饱了肚子，蘑菇们也顺利地演化至今。

自然界中还有一些类似的物种，也靠群体智慧生存，比如蜜蜂，这些依靠"群体智慧"生存的生物，如今仍存在于世界上大多数的地方。

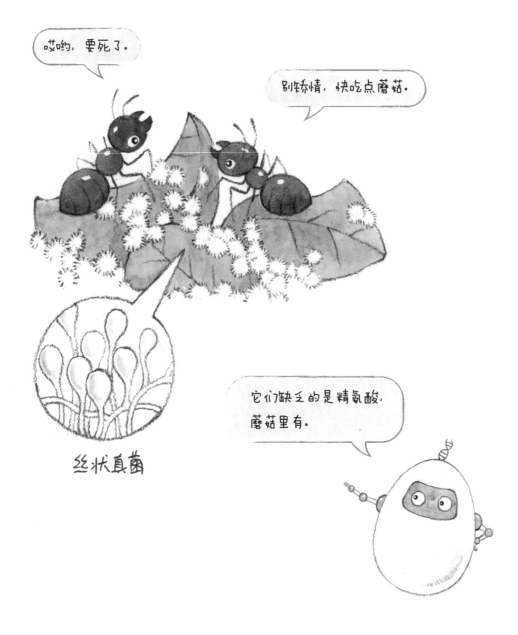

丝状真菌

人何尝不是这样，个体脆弱，但群体组成的社会组织却能很好地适应社会，这也显示出集体智慧所蕴含的强大力量。

作为人类的宝宝，我们可是要在妈妈肚子里待上约10个月才出生的。这段时间里，妈妈的身体为我们提供营养。当我们准备好之后，就会来到这个世界上和爸爸妈妈见面了。

自然界中的所有生物都需要繁衍下一代，可需要的孕育时间并不一样。这在很大程度上与寿命相关：一般来说，寿命越长，孕期越长；寿命越短，孕期越短。这也容易理解，为了尽可能多地产生后代，太长的孕期对寿命短暂的生物来说可不划算。

妈妈说我在肚子里住了10个月呢！

这不算长，有的要在妈妈肚子里住3年多呢。

作为人类宝宝，和其他刚出生动物的行动能力相比，我们就像个"早产儿"。马的寿命有 25～30 年，马宝宝在妈妈肚子里待上 11 个月，刚一落地便能站能跑，灵巧得很。可同样在妈妈肚子里待了 10 个月的我们，生下来很长一段时间里，都得待在妈妈的怀抱中。

那么，为什么人类宝宝会"早产"呢？其实，这是自然演化的结果。与其他动物相比，人类大脑更为发达，为了容纳如此发达的大脑，颅骨也演化得更大。如果胎儿真在子宫中待到发育完善才出来，很容易因为头部发育过大而在生产时被卡在产道里，最终难产窒息。为了顺利分娩，人类便演化出了这种"早产"的怀孕方式，让胎儿头骨还没愈合便离开母体。即便如此，人类分娩也比绝大多数哺乳动物困难得多。

当然，大千世界，无奇不有，袋鼠便突破了年龄与孕育时间的相关性限制，它们怀孕 40 天就能生宝宝了，不过同样早产的袋鼠宝宝只有一颗花生大小，需要在袋鼠妈妈肚子前方的育儿袋里待上许久，才能独立生活。

生命多神奇啊，有在妈妈肚子里待一会儿就要出来的急性子宝宝，也有在妈妈肚子里悠闲度日的慢性子宝宝。比如大象的宝宝，就要在妈妈肚子里待上 2 年，才呱呱坠地。不过大象妈妈能活 80 岁，还有足够的时间陪伴教导小象，也就不那么着急让小象赶紧出来啦。

两年孕期其实也并不算长的，皱鳃鲨才是孕期最长的一种生物。作为最古老的的鲨鱼品种，它看起来样子凶恶，仿佛史前怪兽。明明只能活 25 岁，它的母亲却大无畏地将 3 年半的时间，拿来孕育一胎宝宝。

要论责任心，所有的鱼妈妈都比不上皱鳃鲨妈妈。它可不只是把卵产在水中，而是要把宝宝在肚子里孕育成型，直接生出鲨鱼宝宝，才放心。

埋下种子，静待花开

说孩子听得懂的生命科学

奇思妙想 vs 踏实求知

我的童年时代是泡在书海中以及奔跑在田野里度过的。我的父母酷爱读书，印象中家里的藏书不下一万本。父亲在我年幼的时候就常给我讲《山海经》《西游记》，母亲则会挂着相机带我去拍花草，做标本。在能自主阅读后，我自然对《昆虫记》《本草纲目》等书兴趣盎然。不只乐于阅读，我还勤于实践。我着迷于生物的多样，鱼、乌龟、豚鼠、兔子、猫、刺猬……都是我家里的常客，养宠物的过程中，我也收获了颇多乐趣。

回溯孩提时代，似乎我的人生选择，在那时候就打好了底色。

高中临近毕业时，我获得了多所大学的保送机会。我选择大连理工大学的原因，是它列了 64 个专业供我挑选，其中就有生物工程。

如果说童年对生物的兴趣与光怪陆离的想象有关，那么成年后走上生命科学的研究道路则源自踏实求知。

在华大基因工作期间，我读了博士，主持了不少科研项目，发表了 40 多篇论文。担任 CEO 职务后，我发起了不少公益计划，也开展了一些科普项目，为对生物

科技感兴趣的朋友讲述科学故事。读者朋友中有不少小朋友，每次看到家长发来的肯定，我都欣慰不已。我和团队小伙伴们还常在中小学乃至幼儿园开办科普讲堂，孩子们的求知热情让我振奋，他们的知识面也让我惊讶不已，越发觉得科普是一件有意义的事。

在我小的时候，科普书的种类并不多，印象中只有《十万个为什么》《百科全书》是给孩子看的。到了我的

孩子这一代，我发现好的科普书多了许多，每每在亲子阅读时，那些优秀的科普书连我都看得很入迷，仿若童年重新来了一遍。但这些经典科普书大都引进自国外，不少科普大 V 推荐的少儿科普，绝大多数也来自国外。这也是我决定推出这套少儿科普的原因，我要让中国的孩子能看到本土原创的科普书。

在个人的成长过程中，我感受到，孩子的兴趣是能影响他的人生选择的。兴趣是最好的老师，如果说 21 世纪是生命科学的世纪，这 100 年里，中国的生命科学发展，有赖于几代孩子自发投身其中，希望有正在看这本书的孩子的身影。

静待花开 vs 拔苗助长

当孩子问你"我是怎么来的"时，你是怎么回答的？当孩子问你"为什么我们和蚂蚁不一样"时，你又会如何解释？与得到回答相比，学会提问是孩子更大的进步。在孩子问出有价值问题的时候给出同样有价值的回答，则是对父母更高的要求。

焦虑是现代父母的普遍心理。现代社会的精英教育模式与孩子出生便面临的竞争，不仅给孩子压力，父母也不轻松，恨不得让孩子样样精通，拥有十八般武艺。

事实上，生有涯，知无涯。孩子面对的是复杂而未知的世界，教会他如何与世界和自然平和相处，让他在俗世中感受幸福，是父母应该做的事。幸福感如何获得？比如求知探索，建立自信，找到兴趣所在，持之以恒地探索。

已知圈越大，未知圈也越大，求知不是单纯地学习知识，更多的是一种思维方式的锻炼，教会孩子从万变中找出不变，将未知变成已知，且不惧未知。

组成我们每个人基因的基石都是一样的，都是 A、T、C、G 四种碱基。你和万物相联结，和路边的野草是远亲，和鱼有 63% 的基因相似，和黑猩猩基因相似程度达 96%，和路人有 99.5% 相似的基因，遑论你的孩子，他们和你有着最深的羁绊，最亲密的缘分。孩子的基因全从父母处来，但他们的人生却不受父母的限制。他们是自由的，是创造了奇迹的生命。

不要试图逼迫孩子对什么东西感兴趣。如果你想引发孩子对生命科学的兴趣，不妨自己先读这本书，然后化身尹哥，和孩子交流。相信孩子的问题会让你惊喜，你们之间的交流会让你惊讶。那是生命的神奇——一个弱小的、曾被全天候照顾的宝宝，脑袋里却藏着整个宇宙的奥秘。你会为此感到幸福。

沉浸式阅读

既然我立志要"说你听得懂的生命科学"，这个"你"，自然也包含孩子。在《生命密码》的知识点基础上，少儿版既做了难度上的简化，也用漫画的形式丰富了内容，以引发孩子们的兴趣，便于孩子们理解。

我们努力将每一个故事的发生场景化，让孩子们进入角色，沉浸其中，在体验中学习。

我们尝试为知识点配上漫画，通过视觉化效果既浅显又生动地传递信息。

相较于知识填鸭，我更倾向于互相提问和启发式地学习。我们把自己的思维放在和孩子的思维同一高度，平等地进行朋友式的沟通，激发孩子的内啡肽驱动性，让他由兴趣开始，去自发地学习。毕竟，科学也并非永远正确，但科学的价值就是让人类的认知在不断被推翻中前进。

故事里的小华、小宁，可以是我们身边每一个脑袋里装着十万个为什么的孩子。借他们之口，我们在问答中沟通，体会生命科学的趣味。如果你也有自己关心却没从书中得到解答的问题，欢迎在"尹哥聊基因"公众号留言告诉我们。

在我的想象中，会有那么一个早晨，当我老去的时候，有人敲开我的门，告诉我有多少孩子，是在童年的时候得到正确的引导，产生了对生命科学的兴趣，推动了生命科学的发展。这是世界的幸运，也是我的幸福。

谢谢你选择这套书，我们离"让生命科学流行起来"的目标又近了一步。少年强则中国强，当孩子对生命科学感兴趣，我仿佛已经看到了中国生命科学持续引领世界的未来。